目　次

前 言

本规范按照 GB/T 1.1—2009《标准化工作导则 第1部分:标准的结构和编写》给出的规则起草。

本规范附录 A、B、C、D 为资料性附录。

本规范由中国地质灾害防治工程行业协会提出并归口。

本规范起草单位:重庆市基础工程有限公司、湖北省地质环境总站、重庆市高新工程勘察设计院有限公司、重庆交通大学、贵州省地质环境监测院、重庆市地矿建设(集团)有限公司、重庆市爆破工程建设有限责任公司。

本规范主要起草人:江保富、聂海涛、叶四桥、王凯、王家海、易朋莹、周勇、谢常伟、陈金国、陈敏、张顺斌、何杰、孟详栋、庞才林、吕贞勇、刘秀伟、张家勇、汪龙、樊万青。

本规范由中国地质灾害防治工程行业协会负责解释。

引　言

为规范崩塌防治工程施工工作，统一技术标准，确保工程质量，保证施工安全，保护环境，特制定本规范。

本规范是在广泛收集、分析国内崩塌防治工程施工技术和经验的基础上编写而成。

崩塌防治工程施工技术规范(试行)

1 范围

本规范规定了崩塌防治工程施工的施工准备、工程施工、施工监测、施工安全、施工验收相关的技术内容、技术要求与标准。

本规范适用于崩塌地质灾害防治工程施工,其他类似或相关工程的处置可参照执行。

2 规范性引用文件

下列文件中的条款通过本规范的引用而成为本规范的条款。凡是注日期的引用文件,其随后所有的修改单(不包括勘误的内容)或修订版均不适用于本规范。凡是未注日期的引用文件,其最新版本适用于本规范。

GB 6722 爆破安全规程

GB 50026 工程测量规范

GB 50086 岩土锚杆与喷射混凝土支护工程技术规范

GB 50330 建筑边坡工程技术规范

GB 506666 混凝土结构工程施工规范

DZ/T 0219 滑坡防治工程设计与施工技术规范

DZ/T 0221 崩塌、滑坡、泥石流监测规范

JGJ 130—2011 建筑施工扣件式钢管脚手架安全技术规范

T/CAGHP 011—2017 崩塌防治工程勘查规范(试行)

T/CAGHP 032—2018 崩塌防治工程设计规范(试行)

3 术语和定义

下列术语和定义适用于本规范。

3.1

信息法施工 method of information construction

根据施工现场的地质情况和监测数据,对地质结论、设计参数进行验证,对施工安全性进行判断并及时修正施工方案的施工方法。

3.2

锚杆 anchor bolt

通过外端固定于坡面,另一端锚固穿过滑动面的杆体,将拉力传至稳定岩土层,以增大抗滑力,提高边坡稳定性。

3.3

锚索 anchor rope

通过外端固定于坡面,另一端锚固穿过滑动面的钢绞线或高强钢丝束,将拉力传至稳定岩土层,以增大抗滑力,提高边坡稳定性。

3.4

支撑 pillar

采用墙撑或柱撑等支撑体对危岩体进行加固的一种主动防治方法。

3.5

嵌补 filling

对岩腔采用混凝土、钢筋混凝土浇筑或块石砌筑等方式进行充填封闭,以起到封闭、支撑作用的一种防治措施。

3.6

注浆 grouting

利用灌浆泵或浆液自重,通过钻孔、埋管等方法,将某些能固化的浆液注入岩土体的裂缝或孔隙中,通过置换、充填、挤压等方式改良岩土物理力学性质的工程措施。

3.7

主动防护网 active protection network

以钢丝绳网为主的各类柔性网覆盖包裹在所需防护斜坡或岩石上,以限制坡面岩石土体的风化剥落(加固作用),或将落石控制于一定范围内运动(围护作用)。

3.8

被动防护网 passive protection network

由钢丝绳网或环形网(需拦截小块落石时附加一层铁丝格栅)、固定系统(锚杆、拦锚绳、基座和支撑绳)、减压环和钢柱 4 个主要部分构成。钢柱和钢丝绳网连接组合构成一个整体,对所防护的区域形成面防护。

3.9

护坡工程 slope protection project

为防治边坡的表面风化、剥落、掉块或冲蚀,在坡面修建的表层防护工程。

3.10

喷射混凝土 shotcrete

喷射混凝土是借助喷射机械,将按一定比例配合的拌合料,通过管道输送,并以高速喷射到受喷面上凝结硬化而成的一种混凝土。

3.11

棚洞 shed tunnel

棚洞是为保护崩塌危及对象而设置的一种简支构筑物(顶棚架)。

3.12

抗滑桩 anti-slide pile

穿过滑体进入滑动面以下一定深度,阻止滑体滑动的柱状构件。

3.13

拦石墙 retaining wall for intercepting rockfalls

用于拦截崩塌落石块体的墙体,通常采用浆砌块石砌筑或混凝土浇筑。

3.14

落石槽 trough for catching rockfalls

于落石可能滚落的路径上开挖的沟槽，用以拦截和暂时性储存滚落的落石。

3.15

拦石堤 dyke for intercepting rockfalls

修筑于可能的落石滚落路径上，用于拦截崩塌落石块体的土堤或石堤。

3.16

石笼堤 gabion dam

用格宾网制作的箱状石笼砌筑的拦挡构筑物。格宾网（宾格网）是采用抗腐、耐磨、高强的低碳高镀锌钢丝或者包覆PVC的钢丝由机械绞合编织成多绞状、六边形网目的网片。

4 总则

4.1 崩塌防治工程施工前应取得下列基础资料：

a) 崩塌影响区内的建（构）筑物分布及规划资料。

b) 崩塌防治工程施工所依据的勘查成果、设计图纸及监测资料。

c) 施工场地及周边的工程地质和水文地质资料。

d) 水、电、材料和施工设备等的供应条件。

e) 类似崩塌防治工程施工技术资料。

4.2 崩塌防治工程施工应遵守国家相关的工程质量验收标准和项目所在地的地方标准，建立完善的质量保证体系，制定切实可行的质量管理制度和保证措施，确保工程质量。

4.3 崩塌防治工程施工应遵守国家和行业的安全生产、劳动保护法律法规，保护地质环境，制定切实可行的安全制度和措施，保证施工安全。

4.4 本规范鼓励新技术、新结构和新材料的使用，但应做专门论证并注重积累应用经验，待成熟后逐步推广。

4.5 崩塌防治工程施工除应符合本规范外，尚应符合国家现行有关规范和标准的规定。

5 施工准备

5.1 一般规定

5.1.1 应熟悉勘查、设计文件，领会设计意图，做好现场踏勘和图纸核对工作。

5.1.2 应编制实施性施工组织设计，并做好技术准备和组织落实工作。

5.1.3 应编制安全文明施工专项方案，包括工程概况、安全生产责任制度、安全生产管理制度、安全生产管理目标、奖罚及保障措施、分项工程安全技术措施、重大危险源识别与控制、事故应急预案等内容。

5.1.4 必须建立健全质量、安全、环保管理体系和质量检测体系。

5.2 施工组织设计

5.2.1 为确保崩塌防治工程施工的安全、质量、进度和成本控制要求，开工前应按设计文件及相关规范要求编制施工组织设计。对于重要的分部、分项工程尚应编制专项施工方案。

5.2.2 编制崩塌防治工程施工组织设计前应收集下列情况和资料：

a）防治工程勘查报告、设计图纸等技术文件，包括本工程的全部施工图纸、说明书、会审记录以及所需的标准图集等。

b）崩塌区域地形及地貌。

c）崩塌影响区内建（构）筑物的情况。

d）降雨、风向、风速等气象资料。

e）调查场地条件，如施工现场地上和地下障碍物情况，周围建筑物的坚固程度、交通运输与水电状况，为编制施工现场的三通一平计划提供依据。

f）与工程有关的国家和地方法律法规、施工验收规范、质量标准、操作规程等。

g）现场调查与工程实施相关的主要建筑材料、设备及特种物资在当地的生产与供应情况。

h）工程特点和现场条件的其他情况和资料。

5.2.3 施工组织设计的内容应包括工程概况、施工部署、施工方案、施工顺序、施工进度计划、施工质量保证措施、施工安全与环保保证措施、施工总平面布置图、各项物资需要量计划、主要技术措施、主要经济指标等。

5.3 施工场地与临时工程

5.3.1 施工场地应结合工程规模、工期、地形特点、崩塌体危害对象特性、弃渣场，以及人员办公、施工活动开展、施工用水用电、材料储存和转运、安全避险等需要进行合理布置。

5.3.2 临时工程应满足施工安全和施工便捷的需要，应避免扰动崩塌体和受其威胁。

5.3.3 严禁将临时工程布置在受崩塌、滑坡、泥石流、洪水等灾害威胁的地段。

5.4 施工人员、材料和设备

5.4.1 从事崩塌防治工程施工的各类特种作业人员均应持证上岗。

5.4.2 崩塌防治工程施工前应对进场人员进行安全及技术的交底、培训和考核。

5.4.3 应做好工程所需材料的选择和相关检测、试验工作，并按规定进行存储和运输。

5.4.4 应配备满足工程需要的施工设备和仪器，并按规定进行检验、标定、检定和维修保养工作，并正确操作和使用。

5.5 施工测量

5.5.1 施工前，应根据设计要求设定控制测量等级，确定测量方法及误差范围。施工测量允许偏差见表1。

5.5.2 施工测量应符合下列规定：

a）施工前施工单位应安排专业测量人员接受建设单位或设计单位移交现场基准点，并进行复核。

b）施工所需基准点必须设在崩塌体影响范围之外和便于观测的位置，并采取保护措施。基准点的数量不得少于两个。

c）控制测量桩点必须稳定、可靠。

d）应认真核对设计文件和图纸中的测量资料，确认无误方可使用，引用数据必须核对。

e）已建构筑物与本工程衔接的平面位置及高程，开工前必须校测。

表1 施工测量允许偏差

项目		允许偏差
水准线路测量高程闭合差	平地	±20 mm
	山地	±6 mm
导线测量方位角闭合差		±40″
导线测量相对闭合差		1/3 000
直接丈量测距两次较差		1/5 000

5.5.3 平面控制网的布设原则为:因地制宜、分级布网、逐级控制,要有足够的精度、密度并规格统一。

5.5.4 测量放样时,应注意核对设计文件与现场的地形和地物条件是否相符。

6 崩塌防治工程施工

6.1 一般规定

6.1.1 崩塌防治工程施工应按图施工,在施工过程中针对地质体和地质环境条件的变化,应遵照信息法施工的原则做好施工地质工作,配合设计单位进行设计变更。

6.1.2 应逐级进行技术交底,施工中应做好地质编录。

6.1.3 宜避开雨季;遇雨季、冬季或夜间施工时,应根据工程特点制定安全合理的施工方案。

6.1.4 应防止水土污染和流失,控制噪声、空气污染。

6.1.5 应注重对地质环境、生物、文物的保护。

6.1.6 应做好临时排水,以及施工区域的临时安全防护工作。

6.1.7 崩塌防治工程中抗滑桩(键)的施工可按照《抗滑桩治理工程施工技术规范(试行)》(T/CAGHP 004—2017)执行。

6.1.8 施工过程中及完成后,应及时整理施工洽商、设计变更、施工记录、质量检验、监测检测等工程资料,做好施工技术总结。

6.2 清除

6.2.1 一般要求

a) 施工前应制订危岩清除专项施工方案,宜根据现场条件及安全、工期和经济因素,选择人工、机械或爆破等适宜的清除方案。

b) 孤石、中小型危岩体宜采用人工清除;大型、特大型危岩体且便于机械施工的宜采用机械清除;具备安全作业条件的大型、特大型危岩体可采用爆破清除。

c) 土质崩塌体的清除宜根据现场实际采用人工或土方机械施工。

6.2.2 清除坡率应按照设计坡率进行,避免超挖或欠挖,清除工作应根据现场条件有序进行,先上后下、先高后低、均匀减重、分段实施。

6.2.3 清除施工过程中,应核对地质和设计信息,如有异常及时反馈。

6.2.4 采用爆破清除时,应按《爆破安全规程》(GB 6722)的要求编制爆破专项施工方案,经专家论证评审,公安机关批准后实施,具体要求遵照《崩塌滑坡灾害爆破治理工程施工技术规程(试行)》(T/CAGHP 037—2018)。

6.2.5 采用静态爆破方案时，应编制专项施工技术方案，明确布孔、钻孔、装药、挖掘工艺及技术要求，控制温度及反应时间，保证清除效率和安全。

6.2.6 清除施工应保证弃土、弃渣等不造成次生灾害；当有危及下方过往车辆与行人、建(构)筑物等安全隐患时，应事先采取防护、警示、警戒等措施，确保施工安全。

6.2.7 清除施工过程中，应做好施工监测与安全巡视，坡体出现异常变形迹象时应立即采取以下措施：

a) 暂停施工，人员和机械撤至安全地点。

b) 根据变形迹象设置观测点，观测危岩体平面位移和沉降变化，并做好记录。

c) 及时反馈信息，通知有关单位进行处理。

6.2.8 崩塌体清除后，应及时做好防水、排水及防护工作。

6.2.9 崩塌体清除施工完毕，应及时做好清除前后崩塌体的几何形状、规模大小及物质组成等施工记录，并留存对比影像资料(附录 A.1)。

6.2.10 崩塌体清除施工质量检验要求见表 2。

表 2 崩塌体清除施工质量检验要求

序号	检查项目	规定值或允许偏差	实测方法和频率
1	清除范围	符合设计要求	用经伟仪测或尺量，实测
2	清除厚度	符合设计要求	用尺量，每 10 m 为一组，量上、中、下 3 点，测量不少于 3 组
3	清除后边坡坡度	符合设计要求	用坡度尺量，每 10 m 为一组，量上、中、下 3 点，测量不少于 3 组
4	清除边坡平整度	符合设计要求	用尺量，每 10 m 为一组，量上、中、下 3 点，测量不少于 3 组

6.3 支撑与嵌补

6.3.1 一般要求：

a) 支撑与嵌补施工工序包括基槽开挖、支撑(嵌补)体浇筑或砌筑、顶部处理和养护。

b) 支撑、嵌补体施工所用材料规格、质量、检验数量和次数应符合设计要求。

c) 支撑、嵌补体基础应置于稳固地层，并满足地基承载力及变形要求。

d) 支撑、嵌补体顶部宜采用膨胀混凝土捣实，必须确保支撑、嵌补体顶部与岩面密贴。

e) 支撑、嵌补体自身强度和稳定性应满足设计要求。

6.3.2 支撑、嵌补体基槽开挖应符合下列规定：

a) 基槽开挖施工前应清除岩腔内覆土、浮石、树根、苔藓等杂物及风化岩体。

b) 基槽开挖应按照设计要求分段或间隔实施。当设计没有明确要求时，依据现场条件可采用人工、机械或人工配合机械开挖，并控制施工振动影响。

c) 基槽定位、开挖深度、开挖宽度及反坡设置应符合设计要求。

d) 基槽开挖到位后应及时验槽，确保持力层特征满足设计要求；验槽合格后及时完成基底砌筑、浇筑作业；易风化基槽应及时封闭，也可预留保护层，砌筑前清理到设计深度。

e) 在基槽外侧堆土或材料及移动施工机械时，应与陡崖边缘保持安全距离，保证边坡稳定。

6.3.3 浆砌片石、条石支撑、嵌补墙施工所用砂浆宜采用机械拌合；片石、条石表面应清洗干净，上下面应尽可能平整；砂浆填塞应饱满，应采用挤浆法施工，砌块应大面朝下，丁顺相间，互相咬接，上下错缝，不应有通缝和空缝，严禁干砌，砌体周边应平顺整齐，外露面宜采用比砌筑砂浆高一等级的砂浆勾缝。

6.3.4　混凝土和钢筋混凝土支撑、嵌补体的施工工艺、质量要求与检验按《混凝土结构工程施工规范》(GB 506666)执行。

6.3.5　支撑、嵌补结构的设置位置、外观尺寸、强度、基底平整度、软弱层加固位置应符合设计要求。

6.3.6　支撑、嵌补体中泄水孔设置的位置、形式、尺寸、数量应符合设计要求。

6.3.7　当支撑、嵌补体需设置变形缝时,变形缝设置的间距、缝宽、材料及施工要求应满足设计要求。

6.3.8　支撑、嵌补施工质量应满足表3的要求。

表3　支撑、嵌补施工质量检验要求

序号	检查项目		规定值或允许偏差/mm	实测方法和频率用经纬仪测量
1	平面位置		±30	用经纬仪测量
2	断面尺寸		不小于设计	用尺测量,不少于3点
3	墩(柱)高度		不小于设计	用尺测量
4	表面平整度	砌石	15	用靠尺和塞尺测量,每3 m^2 不少于6点
		混凝土	10	

6.4　锚固

6.4.1　一般要求

a) 锚固施工前应编制符合设计要求的施工组织设计,并应检验锚杆(索)制作工艺和张拉锁定方法与设备,确定锚固注浆工艺并标定张拉设备。

b) 锚固施工前应检查原材料的品种、质量和规格型号,以及相应的检验报告,保证砂浆、钢筋、钢绞线等主要材料,套管、对中器等附件符合设计要求。

c) 锚杆施工主要工序包括测量放线、钻孔定位、成孔、清孔、锚杆制作与安装、注浆、养护和检验。

d) 锚索施工主要工序包括测量放线、钻孔定位、成孔、清孔、锚索制作与安装、一次注浆或二次补浆、施工锚索腰梁、张拉与锁定、锚头封闭和养护、检验(测)。

e) 锚固施工前应调查施工区建(构)筑物基础、地下管线等,判断锚固施工对崩塌体、临近建筑物和地下管线的不良影响,并制定相应预防措施。

f) 为确保施工安全应单独编制脚手架(施工平台)施工组织设计,并按程序评审和报批。

6.4.2　锚固工程钻孔施工应符合下列规定:

a) 钻孔机械应考虑钻孔通过的岩土类型、成孔条件、锚固类型、锚杆长度、施工现场环境、地形条件、经济性和施工速度等因素进行选择。

b) 宜采用干法成孔,在不稳定的崩塌体或当锚固段岩体破碎、渗水量大时,应采用套管护壁钻孔、干钻或固结灌浆处理。

c) 锚孔定位偏差不宜大于20 mm。

d) 锚孔偏斜度不应大于2 %。

e) 钻孔深度应穿过主控裂隙带,孔深应大于设计长度。

f) 钻孔孔径不应小于设计孔径。

g) 钻孔终孔后，锚固段应清洗或吹洗干净。

h) 成孔施工中应做好施工地质编录工作，成孔完成后应及时按附录 A.2 编制钻孔施工记录。

6.4.3 锚固工程杆(索)体制作应符合下列规定：

a) 杆体用钢筋、钢绞线应妥善保管和运输，宜采用切割机下料，不应使用电弧焊或乙炔焰切割。

b) 杆体制作或编束应在专用工作台上进行。

c) 制作前钢筋、钢绞线应进行除油污、除锈、调直等处理，下料长度应符合设计尺寸及张拉工艺操作需要。

d) 钢筋杆体下料长度＝锚固段长度＋自由段长度＋锚头工作长度，锚杆杆体宜采用机械连接。

e) 锚索预应力钢绞线下料长度＝锚固段长度＋自由段长度＋锚墩厚度＋张拉作业段长度，同一锚索的每股钢绞线下料长度应相同。

f) 沿锚固体轴线方向每隔 1.5 m～2.0 m 应设置一个对中支架；钢绞线编索应按一定规律平直排列，一端对齐，不应扭结，注浆管和排气管应与索体绑扎牢固，捆扎材料不宜用镀锌材料。应沿索体轴线方向每隔 1.5 m～2.0 m 设置隔离架。与锚固段相交处的塑料管管口应捆扎密封。

g) 锚杆(索)制作过程中应按规范要求同时做好防腐措施。

h) 锚杆(索)制成后，进行检查验收，并填写预应力锚索编制合格证(附录 A.3)，编号存放，妥善保管。

6.4.4 锚杆(索)的安装应遵守下列规定：

a) 锚杆(索)放入钻孔之前，应将孔内岩粉和土屑清洗干净，核对锚杆(索)编号与孔号是否一致，检查加工质量，完善隐蔽工程检查验收。

b) 安装操作时，应防止锚杆(索)扭压、弯曲，避免锚固段钢绞线受到污染，入孔角度应与钻孔角度一致。

c) 安装时，不应损坏防腐层，不应影响正常的注浆作业。

6.4.5 锚固工程注浆应符合下列规定：

a) 注浆前应清孔。

b) 注浆材料应根据设计要求确定，注浆前应做配合比试验。

c) 注浆管宜与锚杆(索)同时放入孔内；注浆管应插入距孔底 100 mm～300 mm 处，使浆液自下而上连续灌注；向上倾斜的钻孔内注浆时，应在孔口设置密封装置。

d) 根据岩体完整程度和设计要求确定注浆方法和压力，确保钻孔灌浆饱满和浆体密实。

e) 注浆应注至孔口溢浆，遇孔内严重漏浆，应采取多次注浆(补浆)或其他措施处理。

f) 浆体强度检验用试块的数量每 30 根锚杆不应少于一组，每组试块不应少于 3 个。

g) 锚固工程注浆完成后应及时按附录 A 表 A.4 编制注浆施工记录表。

6.4.6 预应力锚杆(索)的张拉与锁定应符合下列规定：

a) 锚头台座的承压面平整，宜与锚杆(索)轴线方向垂直。

b) 张拉前应对张拉设备进行标定。

c) 张拉时，注浆体和台座的抗压强度值应符合设计要求。

d) 锚索(杆)张拉应按设计规定程序进行，锚索张拉顺序，应考虑邻近锚索的相互影响，宜从中间向两边推进。

e) 锚索(杆)正式张拉之前,应取10 %～20 %设计轴向拉力值 N_t 对锚索(杆)预张拉1～2次,使其各部位的接触紧密,锚索完全平直。

f) 应采用符合相关技术要求的锚具,有测力计的锚索(杆),测力计应与锚板同步安装,且与锚孔对中。

g) 锚杆(索)张拉力及锁定值应符合设计要求,张拉完成后应及时按附录A.5编制锚索张拉记录表。

h) 锚杆(索)张拉稳压时间应符合表4的规定。

6.4.7 张拉操作时应设置安全防护设施和安全警示牌,非作业人员不应进入张拉作业区,千斤顶出力方向严禁站人。

6.4.8 锚杆试验要求及做法见附录C;锚固施工质量应满足表5要求。

表4 锚杆(索)张拉荷载分级及稳压时间

张拉荷载分级	稳压时间/min		
	岩石	砂质土	黏性土
0.10 N_t	3	5	7
0.25 N_t	3	5	7
0.50 N_t	3	5	7
0.75 N_t	3	5	7
1.00 N_t	3	5	10
1.10～1.20 N_t	3	10	15
锁定荷载	3	10	10

注:N_t 为设计锚索(杆)轴向拉力值。

表5 锚固施工质量检验要求

序号	检查项目	规定值或允许偏差	检查方法和频率
1	锚孔深度	符合设计要求	实测,全部
2	锚孔孔径	符合设计要求	查施工、监理记录
3	锚孔孔位与高程	±100 mm	用经纬仪、水准仪测,查施工、监理纪录,全部
4	锚孔斜倾度	±1 %	用钻孔测斜仪量,全部
5	锚孔方位角	符合设计要求	实测,全部
6	砂浆强度	不小于设计	砂浆强度检测报告
7	锚墩强度	不小于设计	混凝土强度检测报告
8	内锚段长度	不小于设计	查施工监理记录
9	单根预紧力	符合规范要求	查张拉记录
10	张拉力	符合设计要求	查张拉记录
11	张拉锁定力	符合设计要求	查张拉记录
12	张拉伸张率	10 %,-5 %	查张拉记录
13	锚墩位移量	<2 mm	查张拉记录
14	微缩值	<6 mm	查张拉记录

6.5 挡土墙

6.5.1 一般要求

a) 桩板式挡墙、锚杆挡土墙施工及质量检验参照《建筑边坡工程技术规范》(GB 50330)执行。

b) 重力式挡土墙施工工序包括基槽开挖、墙体砌筑或浇筑、墙后回填等。

6.5.2 挡土墙基槽开挖应满足下列要求:

a) 挡土墙基槽开挖应满足设计要求,临时支护,开挖一段,立即砌筑、回填一段。

b) 基槽开挖深度、宽度及基底倾斜度和地基特征应符合设计要求。

c) 机械开挖基槽,宜在基底高程以上预留人工清理层,其厚度应根据施工机械确定。

d) 挡墙基槽开挖达到设计要求后应及时验槽,易风化持力层应及时封闭。

6.5.3 浆砌石挡墙应符合下列规定:

a) 砌筑的石料的强度、块度大小应符合设计要求。

b) 浆砌块(条)石挡土墙应采用座浆法施工,块片石表面清洗干净,砂浆宜采用机械拌合。

c) 砌筑挡土墙时,要分层错缝砌筑,基底及墙趾台阶转折处,不得做成垂直通缝,应填塞饱满。

6.5.4 混凝土挡墙浇注施工要求:

a) 现浇混凝土挡墙与基础的结合面应先凿毛,将松散部分的混凝土及浮浆凿除,并用水清洗干净,然后架立墙身模板。混凝土开始浇灌时,在结合面上刷水泥浆或铺 1∶2 水泥砂浆后再浇注墙身混凝土。

b) 当混凝土落高大于 2.0 m 时,应采用串筒输送或泵送混凝土入仓,从低处开始分层浇注,分层振捣厚度不宜大于 0.7 m。

c) 毛石混凝土用毛石应选用坚实、未风化、无裂缝、洁净的石料,强度等级不低于 MU30。毛石尺寸不应大于 300 mm,表面污泥等应清洗干净。

d) 毛石混凝土浇注时,应先铺一层 80 mm~150 mm 厚混凝土打底,再铺上毛石,毛石插入混凝土约一半后,再浇灌混凝土填满所有空隙,最后逐层铺砌毛石和浇注混凝土。保持毛石顶部有不少于 100 mm 厚的混凝土覆盖层。所掺加毛石数量设计无规定时应控制不超过总体积的 25 %。

e) 混凝土中毛石铺放应均匀排列,大面向下,间距应不小于 100 mm,离开模板或槽壁距离不小于 150 mm,毛石不应露于混凝土表面。

f) 混凝土挡墙泄水孔宜选用刚度和强度好的管材进行预埋成型,保证外倾坡度。

g) 混凝土挡墙沉降缝隔断材料应具有足够的强度,其厚度应有适当的预留压缩量。

6.5.5 挡土墙墙后填土需及时回填夯实,压实系数满足设计要求,做好填土与原岩(土)的搭接。墙身砌出地面后,应在坡顶做成不小于5 %的向外散水坡,以免积水下渗而影响墙身稳定。

6.5.6 墙后填土宜采用透水性好的碎石土,应分层夯实,当砌体或混凝土强度达到设计强度的 75 %时,方可进行填土并分层夯实。注意墙身不要受到夯击影响,以保证施工过程中自身的稳定。

6.5.7 挡土墙施工质量要求:

a) 地基开挖应满足设计要求,严禁超挖回填虚土。地基特征应满足设计要求。

b) 石料规格、质量应符合设计要求。

c) 砂浆、混凝土的配合比和强度应符合设计要求。

d) 砌石分层错缝。浆砌时坐浆挤紧,嵌填饱满密实,不得有空洞;干砌时不得松动、叠砌和浮塞。必要时打开检验。

e) 墙背填料应符合设计要求。

f) 沉降缝、排水孔的数量、位置、质量应符合设计要求。

g) 砌体坚实牢固,勾缝平顺,无脱落现象,混凝土表面的蜂窝麻面不得超过总面积的0.5 %,深度不超过10 mm,排水孔坡度向外,无堵塞现象,伸缩缝符合设计要求,整齐垂直,上下贯通。

h) 重力挡土墙施工质量检验要求应符合表6的规定。

表6 重力挡土墙施工质量检验要求

序号	检查项目		允许偏差	检查方法
1	平面位置	浆砌挡墙、干砌片石挡墙	±50 mm	每20 m用经纬仪或全站仪检查3点
		混凝土挡墙	±30 mm	
2	顶面高程	浆砌挡墙、干砌片石挡墙	±20 mm	每20 m用水准仪检查1点
		混凝土挡墙	±10 mm	
3	底面高程		±50 mm	每20 m用水准仪检查1点
4	坡度		±0.5 %	每20 m用铅锤线检查3处
5	表面平整度（凹凸差）	浆砌块石挡墙	±20 mm	每20 m用2 m直尺检查3处
		浆砌片石挡墙	±30 mm	
		混凝土挡墙	±10 mm	
		干砌片石挡墙	±50 mm	

6.6 棚洞

6.6.1 一般要求

a) 当棚洞为钢筋混凝土结构时,主要施工工序包括基槽开挖、基础施工、洞身钢筋制作与安装、洞身混凝土浇筑与养护、洞顶回填等。

b) 当棚洞为圬工结构时,主要施工工序包括基槽开挖、基础施工、圬工砌(浇)筑与养护、洞顶回填等。

c) 棚洞施工过程中应对棚洞上部危岩崩塌体进行实时监测,及时掌握和分析监测信息,对可能出现的险情应制定防范措施和应急预案。

6.6.2 棚洞基槽开挖应符合6.5.2的规定。

6.6.3 棚洞结构施工应符合下列规定:

a) 棚洞施工过程中应对棚洞上部危岩、崩塌体进行监测及安全巡视,及时了解和分析监测信息,对可能出现的险情应采取防范措施。

b) 棚洞主体混凝土采取分层对称浇筑,一次浇筑长度根据控制在9 m内,一次浇筑的高度不超过2 m,浇筑过程做好振捣。

c) 边墙底部应铺填0.5 m～1.0 m厚碎石并夯实,然后向上回填。石质地层中,墙背与岩壁间空隙可采用与墙身同级混凝土、片石混凝土或浆砌片石回填;土质地层中,应将墙背坡面开凿成台阶状,用干砌片石分层码砌,缝隙用碎石填塞紧密,不得随意抛填土石。

d) 混凝土棚洞结构其他施工要求及质量检验应符合GB 50666的要求。

6.6.4 棚洞洞顶回填施工应符合下列规定：

a) 洞顶缓冲土层回填应在外防水层及排水系统施作完成，且混凝土、砌体强度达到设计强度的70 %后进行。

b) 侧墙回填应对称进行，石质地层中，岩壁与墙背空隙可用与墙身同级混凝土、片石混凝土或浆砌片石回填。土质地层中，应将墙背坡面挖成台阶状，用片石分层码砌，缝隙用碎石填塞密实。回填至与拱顶齐平后，再分层满铺填筑至设计高度。

c) 拱顶回填分层厚度不大于0.3 m，两侧回填土面的高差不得大于0.5 m。采用机械回填时，应在人工夯填超过拱顶1.0 m以上后进行。

d) 表土层作隔水层时，隔水层应与边、仰坡搭接平顺，防止地表水下渗。

e) 回填土料特性及厚度应符合设计要求。

6.6.5 棚洞工程质量检验应符合表7的要求。

表7 棚洞施工质量检验要求

序号	检查项目	允许偏差/mm	检测方法
1	宽度	±50	尺量
2	轴向长度	±50	尺量
3	顶底板厚度	+20,0	尺量
4	中边墙厚度	+20,0	尺量
5	缓冲层厚度	满足设计要求	实测

6.7 挂网喷锚

6.7.1 一般要求

a) 挂网锚喷施工主要工序包括坡面清理、锚杆钻孔、锚杆制作与安装、钢筋网片制作与安装、喷射混凝土施工及养护等。

b) 挂网锚喷施工所用钢筋、喷射混凝土等材料质量及检验，施工机具、设备检定等应符合设计要求。

6.7.2 喷护前应采取措施对泉水、渗水进行处治，并按设计要求设置泄水孔。

6.7.3 锚喷岩面处理应符合设计要求，喷层要密实，受喷面底部不得有回弹物堆积。

6.7.4 喷射混凝土表面严禁钢筋与锚杆外露，严禁出现漏喷、脱层和混凝土开裂脱落现象，喷层与坡体连接应紧密。

6.7.5 喷射混凝土施工同时应做好泄水孔和伸缩缝，应及时对喷浆层顶部进行封闭处理。砂浆初凝后，应立即开始养护，养护期一般为5 d。

6.7.6 锚杆应嵌入稳固基岩内，锚固深度根据设计要求结合岩体性质确定。钢筋保护层厚度不应小于20 mm。钢筋网应与锚杆连接牢固。铺设钢筋网前宜在岩面喷射一层混凝土，钢筋网与岩面的间隙宜为30 mm，然后再喷射混凝土至设计厚度。喷射混凝土的厚度要均匀且符合设计要求。

6.7.7 锚杆抗拔力应符合设计要求。锚杆施工质量及验收要求按6.4.8执行。

6.7.8 喷射混凝土强度试验见附录B；锚喷支护施工质量检验见表8；其他材料、操作技术及质量检验要求按《岩土锚杆与喷射混凝土支护工程技术规范》(GB 50086)执行。

表8 锚喷支护施工质量检验要求

序号	检查项目	规定值或允许偏差	实测方法和频率
1	孔深及锚杆长度	符合设计要求	查施工、监理记录
2	锚杆数量	不少于设计要求	查施工、监理记录
3	网孔尺寸	符合设计要求	查施工、监理记录
4	喷层厚度	平均厚度大于或等于设计厚度，全部检查点的60%测点处的厚度大于或等于设计厚度，最小厚度大于或等于1/2的设计厚度，且大于或等于60 mm	用凿孔或激光断面仪测，每20 m测3个断面，断面上测点间距3 m～5 m，且不少于3个断面
5	锚喷面积	不小于设计要求	用尺量或经纬仪测，全部

6.8 防护网

6.8.1 一般要求：

a) 主动、被动防护网的构件、组成、材料要符合设计要求。

b) 防护网进场前，应有相关的材料质量证明、合格证、产品质量说明书，并按有关要求进行随机取样且送实验室进行检验，产品质量符合设计要求才能进场施工。

c) 主动防护网施工工艺流程：坡面清理、测量定位、锚杆施工、安装纵横向支撑绳、铺挂格栅网、铺挂钢绳网并缝合(附录D)。

d) 被动防护网施工工艺流程：坡面清理、锚杆及基座定位、基坑开挖与混凝土灌注(土质地层B类锚固)或钻凿锚杆孔(岩质地层A类锚固)、基座及锚杆安装、钢柱及拉锚绳安装、支撑绳安装与调试、钢丝绳网的铺挂与缝合、格栅网的铺挂(附录D)。

6.8.2 主动防护网施工应满足以下要求：

a) 主动防护系统安装应该紧贴坡面，悬空区域面积不能超过5 m^2，不能满足要求时应增设随机锚杆数量，并及时办理施工洽商或设计变更。

b) 确保施工安装时支撑绳能张拉绷紧，每段横向支撑绳布设长度一般不超过30 m，每段纵向支撑绳的布设长度一般不超过40 m。

c) 支撑绳安装时，先将支撑绳一端用绳卡锁定在端头锚杆上，用另一端逐一穿入锚杆孔中，在穿过另一端的锚杆后，把支撑绳沿穿进方向折回，用绳卡将安装端钢丝绳做出一个套环，然后用不小于1 t的张拉器两头分别拉住支撑绳端套环和相邻的锚杆，通过张拉器的收紧，在支撑绳张紧之后，用绳卡将活动端与安装端进行锁定即可。

d) 防护网铺装应沿坡面从上而下，先将其上边口固定于最顶部的横向支撑绳或锚杆上，然后顺坡铺展开。

e) 铁丝格栅的固定方式、尺寸和叠置宽度应符合设计要求。

6.8.3 被动防护网施工应符合下列要求：

a) 基岩较完整时，钢柱基座可直接用锚杆锚固在基岩内，锚孔深度不小于设计要求，基础底面用薄层C20混凝土或M20水泥砂浆抹平；当岩石风化比较严重或覆盖层较厚时，采取开挖基坑用混凝土浇注基座的方式，基坑尺寸应满足设计要求，必须采用人工开挖基坑，禁止采用爆破作业。

b) 被动防护系统锚杆锚固位置岩石风化严重时，应采用混凝土锚固，系统锚杆在其长度范围内应完全锚固，混凝土锚固体的尺寸应满足设计要求。在混凝土浇注前需用水将基坑边壁进行润湿。

c) 防护网起吊后，先横向调节好网片安装位置，从一端开始逐一向另一端进行缝合，直至所有防护网连成一个整体。

d) 绳网的铺挂质量检查应满足设计要求，缝合绳外观和手动感受上应无明显松动，否则应重新张紧；每张钢绳网四周构成其挂网单元的支撑绳或钢丝绳网间的缝合绳绕向、松紧度应基本一致，否则应作调整。固定绳卡应卡牢。

6.8.4 防护网施工质量检验应符合表9的要求。

表9 防护网施工质量检验要求

序号	检查项目	规定值或允许偏差	实测方法和频率
1	砂浆、混凝土强度	不小于设计要求	砂浆、混凝土强度以试块实验结果为准
2	锚杆抗拔力	不小于设计值	锚杆抗拔力以抗拔试验结果为准
3	网眼尺寸	不小于设计值	用尺量，每100 m^2 不少于5个点
4	网底高程	符合设计要求	用水准仪测，每20 m不少于3个点
5	起讫点	符合设计要求	用尺量，每连续网、桩(柱)段量2点
6	桩(柱)、网高度	+50 mm，−20 mm	用尺量，抽测20 %

6.9 拦石墙(坝、堤)

6.9.1 一般要求：

a) 拦石墙(坝、堤)施工用混凝土、石材、土料等质量、规格和性质应符合设计要求。

b) 拦石墙(坝、堤)施工宜避开雨季，并应做好施工安全监测工作。

c) 拦石墙(坝、堤)施工工序包括基槽开挖、墙体砌筑、浇筑或填筑、槽底及墙后缓冲层回填等。

d) 缓冲垫层的材料与厚度应符合设计要求。

6.9.2 拦石坝(墙、堤)基槽开挖应符合6.5.2的要求。

6.9.3 浆砌石和混凝土拦石墙(坝、堤)结构施工应符合6.5.3和6.5.4的要求。

6.9.4 缓冲层应按照设计要求分层填筑，压实度符合设计值，并应保证排水畅通。

6.9.5 浆砌石和混凝土拦石坝(墙、堤)检查项目按表6执行。

6.9.6 土质坝(墙、堤)所用材料应符合设计要求，并分层夯实，密实度应达到设计要求。土料碾压筑堤作业应符合下列要求：

a) 地面起伏不平时，应按水平分层由低处开始逐层填筑，不得顺坡铺填；堤防横断面上的地面坡度陡于1∶5时，应将地面坡度削至缓于1∶5。

b) 分段作业面长度应符合设计要求。

c) 作业面应分层统一铺土、统一碾压，并配备人员或平土机具参与整平作业，严禁出现界沟。

d) 相邻施工段的作业面宜均衡上升，若段与段之间不可避免出现高差时，应以斜坡面相接。

e) 已铺土料表面在压实前被晒干时，应洒水湿润。

f) 若发现局部“弹簧土”、层间光面、层间中空、松土层或剪切破坏等质量问题时，应及时进行处理，经检验合格后，方准铺填新土。

g) 堤身全断面填筑完毕后，应作整坡压实及削坡处理，并对堤防两侧护堤地面的坑洼进行铺填平整。土质拦石坝(堤)施工质量检验应满足表10的要求。

表 10 土质拦石坝(堤)施工质量检验要求

序号	检查项目	规定值或允许偏差	实测方法和频率
1	长度、高度	符合设计要求	用尺量,每 10 m 量 1 组,且不少于 3 组
2	顶宽、底宽	±10 %设计尺寸	用尺量,每 10 m 量 1 组,且不少于 3 组
3	压实度	符合设计要求	压实度检测
4	坡度	不陡于设计	用尺量,每 10 m 量 1 组,且不少于 3 组

6.9.7 石笼堤施工应符合下列要求:

a) 石料和笼材质量应符合设计要求。

b) 笼体要牢固结实,填料饱满、密实,笼网应锁口牢固,石料的最小边尺寸不应小于笼的孔眼尺寸。

c) 石笼大小视需要和对齐手段而定,石笼体积宜为 1.0 m^3~2.5 m^3。

d) 石笼护体的坐码或平铺必须紧密,不应有掉笼、散笼、架空现象。笼体接缝应错开,笼间的联系应牢固。

6.10 排(截)水工程

6.10.1 施工前,应校核排水设计是否完善、合理,与施工条件不符时,应及时提出施工洽商或设计变更。临时排水设施应尽量与永久排水设施相结合施工,并应经常维护临时排水设施,保证水流畅通。

6.10.2 施工中应对地表水、地下水情况进行记录并及时反馈。

6.10.3 排水沟变形缝、泄水孔、跌水、急流槽的留设应符合设计要求,并进行防渗处理。

6.10.4 沟肩回填用黏土填筑封闭,且靠坡一侧的回填应高于沟肩,确保地表水能顺利进入沟内,不渗水。

6.10.5 地表截(排)水沟应按设计要求进行现场放样,选定位置,确定轴线。排水沟平面位置和纵坡应与实际地形相协调,排水通畅,不应有反坡,当实际地形与设计不一致时,应与设计等单位进行现场处理。

6.10.6 截(排)水沟基槽开挖应参照 6.5.2 的有关规定执行。

6.10.7 石砌体结构排水沟施工应参照 6.5.3 的有关规定执行。

6.10.8 开挖土方基槽时,应留意崩塌体的稳定性。

6.10.9 浆砌排(截)水沟质量检验应满足表 11 的要求。

表 11 浆砌排(截)水沟施工质量检验要求

序号	检查项目	规定值或允许偏差	实测方法和频率
1	水平位置	±50 mm	用经纬仪测,每 20 m 不少于 3 点
2	长度	−500 mm	用尺量,全部
3	断面尺寸	±30 mm	用尺量,每 10 m 不少于 3 点
4	沟底纵坡度	±1 %	用水准仪测,每 10 m 不少于 3 点
5	沟底高程	±50 mm	用经纬仪测,每 10 m 不少于 3 点
6	铺砌厚度	不小于设计	用尺量,每 10 m 不少于 3 点
7	表面平整度	20 mm	用直尺量,每 20 m 不少于 3 点

6.11 其他防护工程

6.11.1 护坡工程施工基本要求：

a) 护坡工程施工前，应对边坡进行修整，清除危石及不密实的松土。坡面防护层应与坡面密贴结合，不得留有空隙。

b) 在多雨地区或地下水发育地段，防护工程施工中，应采取有效措施截排地表水和导排地下水。

c) 临时防护措施应与永久防护工程相结合。

6.11.2 浆砌片(卵)石护坡施工应符合下列规定：

a) 砂浆终凝前，砌体应覆盖，砂浆初凝后，立即进行养护。

b) 浆砌片石护坡每 10 m～15 m 应留一伸缩缝，缝宽 20 mm～30 mm。在基底地质有变化处，应设沉降缝，可将伸缩缝与沉降缝合并设置。

c) 泄水孔的位置和反滤层的设置应符合设计要求。

6.11.3 浆砌片石护面墙施工应符合下列规定：

a) 修筑护面墙前，应清除边坡风化层至新鲜岩面。对风化迅速的岩层，清挖到新鲜岩面后应立即修筑护面墙。

b) 护面墙背必须与坡面密贴，边坡局部凹陷处，应挖成台阶后用与墙身相同的圬工砌补，不得回填土石或干砌片石。坡顶护面墙与坡面之间应按设计要求做好防渗处理。

c) 应按设计要求做好伸缩缝。当护面墙基础修筑在不同岩层上时，应在变化处设置沉降缝。

d) 泄水孔的位置和反滤层的设置应符合设计要求。

6.11.4 植被防护施工应符合下列规定：

a) 植被施工，铺、种植被后，应适时进行洒水、施肥等养护管理，直到植被成活。

b) 种草施工，草籽应撒布均匀，同时做好保护措施。

c) 灌木(树木)应在适宜季节栽植。

d) 养护用水应不含油、酸、碱、盐等有碍草木生长的成分。

6.11.5 注浆加固施工应符合下列规定：

a) 注浆范围(平面的、垂向的)、注浆钻孔的布置和孔径、孔深、偏斜率等应符合设计要求。

b) 注浆材料的品种、性能、浆液配合比及注浆压力等应符合设计要求。

c) 注浆加固后岩土体质量检测孔(点)数为注浆孔总数的 5 %～10 %，且不少于 5 孔(点)。检测方法用钻取芯样法或其他有效的方法。加固范围内，注浆孔口部位应回填处理。

7 施工监测

7.1 一般规定

7.1.1 崩塌防治工程施工期间应开展以保证施工安全为目的的施工阶段变形监测，变形监测应从崩塌工程施工开始，直至工程完成为止。

7.1.2 了解崩塌体的特征及稳定性影响因素，以及建设方和相关单位的具体要求，根据勘察资料、气象资料、崩塌防治工程的设计资料及施工方案等编制监测方案。

7.1.3 监测方案应包括：工程概况，施工场地岩土工程条件及基坑周边环境状况，监测目的和依据，监测内容及项目，基准点、监测点的布设与保护，监测方法及精度，监测期和监测频率，监测报警及异常情况下的监测措施，监测数据处理与信息反馈，监测人员的配备，监测仪器设备及检定要求，作业安全及其他管理制度。

7.1.4 应及时进行监测资料的编录、整理和分析研究。结合地区经验及时进行崩塌变形破坏预报。

7.2 监测项目

7.2.1 崩塌防治工程现场监测的对象包括：崩塌体、支护结构、地下水状况、周边岩土体、周边建筑、周边管线及设施、周边重要的道路、其他应监测的对象。

7.2.2 崩塌防治工程的监测项目应与崩塌防治工程设计方案、施工方案相匹配。应抓住关键部位，做到重点观测、项目配套，形成有效、完整的监测系统。

7.2.3 崩塌防治工程监测点的布置应能反映监测对象的实际状态及其变化趋势，监测点应布置在内力及变形关键特征点上，并应满足监控要求。

7.2.4 崩塌防治工程监测点的布置应不妨碍监测对象的正常工作，并应减少对施工作业的不利影响。

7.2.5 监测标志应稳固、明显、结构合理，监测点的位置应避开障碍物，便于观测。

7.3 监测方法及精度要求

7.3.1 崩塌防治工程的现场监测应采用仪器监测与巡视检查相结合的方法。监测方法的选择应根据崩塌类别、设计要求、场地条件、当地经验和方法适用性等因素综合确定，监测方法应合理易行。

7.3.2 变形测量点分为基准点、工作基点和变形监测点。其布设应符合下列要求：

a） 每项工程至少应有3个稳定、可靠的点作为基准点。

b） 工作基点应选在相对稳定和方便使用的位置。在通视条件良好、距离较近、观测项目较少的情况下，可直接将基准点作为工作基点。

c） 监测期间，应定期检查工作基点和基准点的稳定性。

7.3.3 监测仪器、设备和元件应满足观测精度和量程的要求，具有良好的稳定性和可靠性；应经过校准或标定，且校核记录和标定资料齐全，并应在规定的校准有效期内使用。崩塌变形监测精度，根据其变形量确定。监测误差应小于变形量的1/10～1/5。

7.3.4 监测内容一般包括地表、地下和结构体的裂缝、位移及倾斜监测，岩体或结构体的应力监测，雨量、水位、泉流量等监测。

7.4 监测频率

7.4.1 崩塌防治工程监测应贯穿于施工全过程。崩塌防治工程监测频率的确定应以能系统反映监测对象所测项目的重要变化过程而又不遗漏其变化时刻为原则。

7.4.2 监测项目的监测频率应综合考虑崩塌类别、崩塌防治工程的不同施工阶段以及周边环境、自然条件的变化和当地经验而确定。一般间隔1 d～2 d监测1次，且满足设计要求，当监测值相对稳定时，可适当降低监测频率。

7.4.3 当出现下列情况之一时，应加强监测，提高监测频率：①监测数据达到报警值；②监测数据变化较大或者速率加快；③存在勘察未发现的不良地质；④崖顶及周边大量积水、长时间连续降雨、市政管道出现泄漏；⑤崖顶地面荷载突然增大或超过设计限值；⑥支护结构出现开裂；⑦崖顶及周边地面突发较大沉降或出现严重开裂；⑧邻近建筑突发较大沉降、不均匀沉降或出现严重开裂；⑨发生事故后重新组织施工；⑩出现其他影响施工及周边环境安全的异常情况。

7.4.4 当有危险事故征兆时,应实时跟踪监测。

7.4.5 崩塌监测除应满足本规范的要求外,还应符合《工程测量规范》(GB 50026)及《崩塌、滑坡、泥石流监测规范》(DZ/T 0221)等相关规范要求。

7.5 监测资料整理

7.5.1 监测资料应及时整理、建档,对手动记录的原始监测数据,应计算长度、体积压力等有关参数,并与其他资料如日期、监测点号、仪器编号、深度气温等,以表格或其他形式记录下来,进行统一编号、建卡、归类和建档。对于自动记录的数据应及时进行拷贝,编号存档。

7.5.2 应按规定间隔时间对监测数据进行分析处理,宜在计算机上进行,包括建立监测数据库、数据和图形处理系统、趋势预报模型、险情预警系统等。监测单位应定期向建设单位、监理方、设计方和施工方提交监测报告,必要时,应提交实时监测数据。

8 安全施工与环境保护

8.1 安全施工

8.1.1 工程开工前必须进行现场调查,根据施工地段及崩塌威胁区域的地形、地质、水文、气象、环境等,制定相应的安全施工技术和环境保护措施。施工中应及时掌握崩塌体监测预警,以及气温、雨雪、风暴、汛情等预报情况,做好防范工作。

8.1.2 施工前,应了解施工及崩塌体威胁区域范围内地下埋设的各种管线、电缆、光缆等情况并与相关部门联系,制定合理的安全保护措施。施工中如发现有危险品及其他可疑物品时,应立即停止施工,报请有关部门处理。

8.1.3 应按照国家有关规定配置消防设施和器材,设置消防安全标志。施工现场应设置醒目的安全警示标志,配齐安全防护设施及用品。

8.1.4 施工前应制定施工安全预案,进行安全技术交底,确保施工安全。

8.1.5 施工作业人员应遵守本工种的各项安全技术操作规程。作业人员、进入现场人员必须按规定佩戴和使用劳动防护用品。特殊工种应持证上岗。

8.1.6 在草、木较密集的区域施工时,应遵守护林防火规定。

8.1.7 施工脚手架应按《建筑施工扣件式钢管脚手架安全技术规范》(JGJ 130—2011)规范执行,设置好构造措施;施工现场安全通道应错开危岩范围设置。

8.1.8 施工人员应戴好安全帽、穿防滑鞋、系好安全带,绑挂安全带的绳索应牢固地拴挂在可靠的安全桩上。

8.1.9 危岩清除和整修边坡时,应按自上而下的顺序进行,严禁上下交叉作业;坡面上的松动土、石块应及时清除。

8.1.10 严禁在危石下方作业、休息和存放机具。施工中如发现山体有滑动、崩塌迹象危及施工安全时,应立即停止施工,撤出人员和机具,并报告上级主管部门处理。

8.1.11 弃土下方和有滚石危及的道路,应设立警示标志,作业时下方严禁车辆、行人通行。

8.1.12 施工中要设专人观察、监测,严防塌方。遇有大雨、大雾及6级以上大风等恶劣天气时,应停止作业。

8.2 环境保护

8.2.1 防止水土污染和流失应符合下列规定:

a） 施工前，应制定相应的预防水土污染和水土流失措施，考虑土地资源的合理利用，缩短临时占地使用时间。

b） 施工过程中，各种排水沟渠的水流不得直接排放到饮用水源、农田、鱼塘中。

c） 不得随意丢弃生产及生活垃圾，垃圾的掩埋或处理应按当地环保部门的要求进行。不得随意排放含油废水及生活污水。

d） 在自然保护区、森林、草原、湿地及风景名胜区进行施工时，应遵守国家环境保护的相关规定。

8.2.2 噪声、空气污染的防治应符合下列规定：

a） 在居民聚居区或其他噪声敏感建筑物附近施工，当噪声超过规定时，应及时采取措施，减少施工活动对沿线居民的干扰。

b） 对施工作业人员，在噪声较大的现场作业时，应采取有效防护措施。

c） 施工过程中应采取措施控制扬尘、废气排放等。

d） 施工堆料场、拌和站、材料加工厂等宜设于主要风向的下风处的空旷地区，当无法满足时，应采取必要的环保措施。

e） 粉状材料运输应采取措施防止材料散落。

f） 粉煤灰、石灰等在露天堆存时，应采取防尘、防水措施。

9 工程验收

9.1 一般规定

9.1.1 施工现场质量管理应有相应的施工技术标准、健全的质量管理体系、施工质量检验制度和综合施工质量水平评定考核制度。

9.1.2 对砂、石子、水泥、钢材等原材料应现场验收，并应抽取试样进行复检，复检合格后才能使用。

9.1.3 各工序应按相关施工技术标准进行质量控制，每道工序完成后，应进行检查。

9.1.4 相关各专业工种之间，应进行交接检验，并形成记录。未经监理工程师和项目业主单位技术负责人检查认可，不得进行下一道工序施工。

9.1.5 施工单位应在每道工序完成后进行相应的自检和验收，监理工程师参加验收，并做好隐蔽工程记录。不合格时，不允许进入下一道工序施工。重要的中间工程和隐蔽工程检查应由建设单位代表、监理单位工程师、设计单位代表及施工方共同参加。

9.1.6 崩塌防治工程质量验收应划分为单位工程、分部工程、分项工程和检验批。

9.2 工程质量验收

9.2.1 检验批、分项工程、分部工程和单位工程质量验收，施工单位应在自检合格后向监理单位（项目业主单位）提出工程验收申请。

9.2.2 验批的质量验收应包括如下内容：

a） 实物检查：对原材料、构配件和设备等的检验，应按进场的批次和产品的抽样检验方案执行；对混凝土强度等的检验，应按国家现行有关标准和本规范确定的抽样检验方案执行；对本规范中采用计数检验的项目，应按抽查总点数的合格点率进行检查。

b） 资料检查：包括原材料、构配件和设备等的质量证明文件（质量合格证、规格、型号及性能检测报告等）及检验报告，施工过程中重要工序的自检和交接检验记录，平行检验报告，见证取样检测报告,隐蔽工程验收记录等。

9.2.3 检验批合格质量应符合下列规定:

a) 主控项目必须符合设计要求。

b) 一般项目的质量经抽样检验合格。当采用计数检验时,除有专门要求外,一般项目的合格点率应达到 80 %及以上,且不得有严重缺陷。

c) 具有完整的施工操作依据、施工记录(包括文字、素描图、可视化影像等资料)、质量检查记录。

9.2.4 分项工程质量验收合格应符合下列规定:

a) 分项工程所含的检验批均应符合合格质量的规定。

b) 分项工程所含的检验批的质量验收记录应完整。

9.2.5 分部工程质量验收合格应符合下列规定:

a) 分部工程所含分项工程的质量均应验收合格。

b) 质量控制资料应完整。

c) 分部工程有关安全及功能的检验和抽样检测结果应符合有关规定。

d) 观感质量验收应符合要求。

9.2.6 单位工程质量验收合格应符合下列规定:

a) 单位工程所含分部工程的质量均应验收合格。

b) 质量控制资料应完整。

c) 单位工程所含分部工程有关安全和功能的检测资料应完整。

d) 主要功能项目的抽查结果应符合相关专业质量验收规范的规定。

e) 观感质量验收应符合要求。

9.3 工程质量验收资料

9.3.1 工程完工后,施工单位应对工程质量进行自检和评定,自检合格后将验收报告和有关工程资料提交建设单位,由建设单位组织当地质量监督部门,设计、勘察、监理、施工等单位代表进行检查验收和质量评定。验收文件应经以上各方签字认可。

9.3.2 工程验收时应提供下列技术文件和记录:

a) 施工图设计资料、施工图技术交流会议纪要、设计变更资料、工程洽商单、材料代用审核单。

b) 施工组织设计及审批表。

c) 施工测量定位放线记录。

d) 原材料、成品和半成品的质量合格证书及进场复验报告。

e) 构件钢筋接头的试验报告。

f) 施工记录和隐蔽工程验收记录文件。

g) 混凝土、砂浆配合比报告及见证取样记录,混凝土、砂浆试件的性能试验报告。

h) 验槽确认及影像资料。

i) 分项(部)工程验收记录。

j) 抗滑桩的无损检测资料、锚索(杆)抗拔试验资料和施工监测资料。

k) 工程重大质量问题的处理方案和验收记录。

l) 施工编录的地质资料,编绘的地质柱状图。

m) 施工日志。

n） 新材料、新工艺施工记录。

o） 施工监测报告。

p） 施工总结。

q） 工程竣工图。

r） 影像资料。

s） 其他必须提供的文件或记录。

附　录　A
（资料性附录）
施工记录表

表 A.1　崩塌体清除施工记录表

编号：

<table>
<tr><td>单位工程</td><td colspan="3"></td><td>分部工程</td><td></td></tr>
<tr><td>施工单位</td><td colspan="3"></td><td>崩塌体编号</td><td></td></tr>
<tr><td>施工日期</td><td></td><td>崩塌体名称</td><td></td><td>清除数量</td><td>m^3</td></tr>
<tr><td>清除方法</td><td></td><td>脚手架</td><td></td><td>其他记录</td><td></td></tr>
<tr><td colspan="6">对比图片资料</td></tr>
<tr><td colspan="3">清除前</td><td colspan="3">清除后</td></tr>
<tr><td colspan="2">业主单位：</td><td colspan="2">监理单位：</td><td colspan="2">施工单位：</td></tr>
</table>

表 A.2 锚固钻孔施工记录表

工程名称：　　施工单位：　　钻孔日期：

设计孔长：　　设计孔径：　　钻机型号：

锚杆编号	地层类别	钻孔直径/mm	套管外径/mm	钻孔时间/min	钻孔长度/m	套管长度/m	钻孔倾角/(°)	备注
监理工程师：		技术负责人：		质检员：		记录员：		
注1：备注栏记录钻孔过程中的异常情况，如塌孔、缩径、地下水情况及相应的处理方法。 注2：进行压水试验的钻孔应记录压水试验结果和相应的处理方法。								

表 A.3　预应力锚索编制合格证

工程名称____ 合同号__________________

施工单位____ No：____________________

锚索编号		吨位(kN)		类型	
钢绞线	根数：	直径：	下料长度：	孔内长度：	
	去皮、清洗、除锈情况：				
止浆环	材料及直径：	气囊耐压：	环氧封填：		
灌(回)浆管材料及直径：		耐压：	长度：		
架线环	材料及直径：	锚固段距离：	张拉段距离：		
	架线环及索体绑扎情况：				
波纹管	材料：	直径：	长度：		
	外对中隔离支架安装及导向帽的连接：				
导向帽	直径：	长度：	安装：		
索体	锚固段长：	张拉段长：	索体总长：		
	外观检查：				
承包单位自检结论	质检员：　　技术负责人： 年　月　日				
监理单位意见	监理工程师： 年　月　日				

表 A.4 锚固工程注浆施工记录表

工程名称： 施工单位： 注浆日期：

设计浆量： 注浆设备：

锚杆编号	地层类别	注浆部位	注浆材料及配合比	注浆开始时间	注浆终止时间	注浆压力/MPa	注浆量/L	备注
监理工程师：		技术负责人：		质检员：		记录员：		
注：注浆材料及配合比包括外加剂的名称和掺量。								

表 A.5 锚索张拉记录表

工程名称________________________ 合同号______________

施工单位________________________ No：______________

<table>
<tr><td>锚索编号</td><td></td><td>预紧千斤顶</td><td></td><td>锚索总长/m</td><td></td></tr>
<tr><td>类型</td><td></td><td>张拉千斤顶</td><td></td><td>内锚段长/m</td><td></td></tr>
<tr><td>吨位/kN</td><td></td><td>油泵编号</td><td></td><td>压力表编号</td><td></td></tr>
<tr><td>钢绞线面积</td><td colspan="2"></td><td>钢绞线弹模</td><td colspan="2"></td></tr>
</table>

<table>
<tr><td colspan="2" rowspan="2">序号</td><td rowspan="2">压力表读数/MPa</td><td rowspan="2">实际张拉吨位/kN</td><td colspan="3">钢绞线测长/mm</td><td rowspan="2">实际伸长量/mm</td><td rowspan="2">理论伸长量/mm</td><td rowspan="2">稳压时间/min</td></tr>
<tr><td>初始读数</td><td>加载读数</td><td>稳压读数</td></tr>
<tr><td rowspan="6">分级张拉</td><td>1</td><td></td><td></td><td></td><td></td><td></td><td></td><td></td><td></td></tr>
<tr><td>2</td><td></td><td></td><td></td><td></td><td></td><td></td><td></td><td></td></tr>
<tr><td>3</td><td></td><td></td><td></td><td></td><td></td><td></td><td></td><td></td></tr>
<tr><td>4</td><td></td><td></td><td></td><td></td><td></td><td></td><td></td><td></td></tr>
<tr><td>5</td><td></td><td></td><td></td><td></td><td></td><td></td><td></td><td></td></tr>
<tr><td>6</td><td></td><td></td><td></td><td></td><td></td><td></td><td></td><td></td></tr>
<tr><td colspan="3">锁定</td><td colspan="4"></td><td></td><td></td><td></td></tr>
<tr><td colspan="3">锁定损失</td><td colspan="4"></td><td></td><td></td><td></td></tr>
<tr><td colspan="3">锁定损失率</td><td colspan="4"></td><td></td><td></td><td></td></tr>
<tr><td colspan="6">施工单位结论：

质检员：　　技术负责人：　　单位负责人：

年　月　日</td><td colspan="4">监理单位意见：

监理工程师：

年　月　日</td></tr>
</table>

附　录　B
（资料性附录）
喷射混凝土黏结强度试验

B. 1　喷射混凝土与岩石或硬化混凝土的黏结强度试验可在现场采用对被钻芯隔离的混凝土试件进行拉拔试验完成，也可在试验室采用对钻取的芯样进行拉力试验完成。

B. 2　钻芯隔离试件拉拔法及芯样拉力试验示意图见图附录 B. 1。

B. 3　试件直径可取 50 mm～60 mm，加荷速率应为每分钟 1. 3 MPa～3. 0 MPa；加荷时应确保试件轴向受拉。

B. 4　喷射混凝土黏结强度试验报告应包含试块编号、试件尺寸、养护条件、试验龄期、加荷速率、最大荷载、测算的黏结强度以及对试件破坏面和破坏模式的描述。

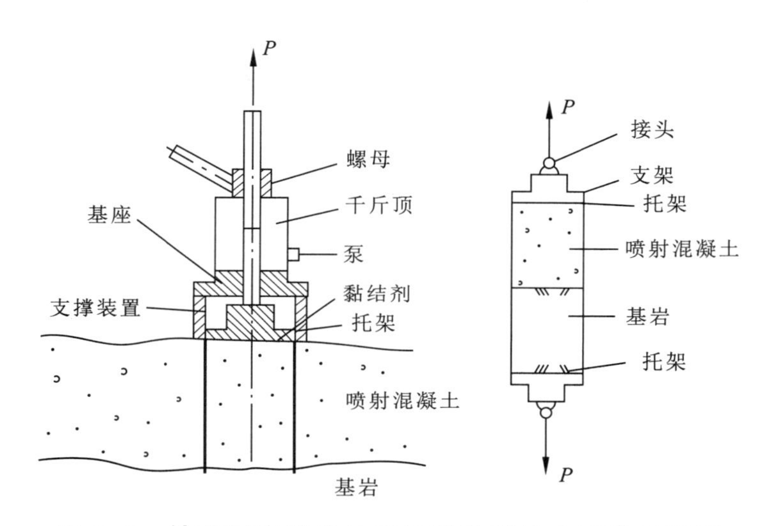

图 B. 1　钻芯隔离试件拉拔法及芯样拉力试验示意图

附 录 C
（资料性附录）
锚杆试验

C.1 一般规定

C.1.1 锚杆试验适用于岩土层中锚杆试验。软土层中锚杆试验应符合现行有关标准的规定。

C.1.2 加载装置（千斤顶、油泵）和计量仪表（压力表、传感器和位移计等）应在试验前进行计量检定，且应满足测试精度要求。

C.1.3 锚固体灌浆强度达到设计强度的 90 %后，可进行锚杆试验。

C.1.4 反力装置的承载力和刚度应满足最大试验荷载要求。

C.1.5 锚杆试验记录表格可参照表 C.1 制作。

表 C.1 锚杆试验记录表

工程名称：

施工单位：

<table>
<tr><td colspan="2">试验类别</td><td></td><td>试验日期</td><td></td><td rowspan="2">砂浆强度等级</td><td>设计</td><td></td></tr>
<tr><td colspan="2">试验编号</td><td></td><td>灌浆日期</td><td></td><td>实际</td><td></td></tr>
<tr><td colspan="2">岩土性状</td><td></td><td>灌浆压力/MPa</td><td></td><td rowspan="3">杆体材料</td><td>规格</td><td></td></tr>
<tr><td colspan="2">锚固段长度/m</td><td></td><td>自由段长度/m</td><td></td><td>数量</td><td></td></tr>
<tr><td colspan="2">钻孔直径/mm</td><td></td><td>钻孔倾角/(°)</td><td></td><td>长度/m</td><td></td></tr>
<tr><td rowspan="2">序号</td><td rowspan="2">荷载/kN</td><td colspan="3">百分表位移/mm</td><td rowspan="2">本级位移量
/mm</td><td rowspan="2">增量累计
/mm</td><td rowspan="2">备注</td></tr>
<tr><td>1</td><td>2</td><td>3</td></tr>
<tr><td></td><td></td><td></td><td></td><td></td><td></td><td></td><td></td></tr>
<tr><td></td><td></td><td></td><td></td><td></td><td></td><td></td><td></td></tr>
<tr><td></td><td></td><td></td><td></td><td></td><td></td><td></td><td></td></tr>
<tr><td></td><td></td><td></td><td></td><td></td><td></td><td></td><td></td></tr>
<tr><td></td><td></td><td></td><td></td><td></td><td></td><td></td><td></td></tr>
</table>

校核： 试验记录：

C.2 基本试验

C.2.1 锚杆基本试验的地质条件、锚杆材料和施工工艺等应与工程锚杆一致。

C.2.2 基本试验时最大的试验荷载不宜超过锚杆杆体承载力标准值的 90 %。

C.2.3 基本试验主要目的是确定锚固体与岩土层间黏结强度特征值、锚杆设计参数和施工工艺。试验锚杆的锚固长度和锚杆根数应符合下列规定：

a) 当进行确定锚固体与岩土层间黏结强度特征值、验证杆体与砂浆间黏结强度设计值的试验时，为使锚固体与地层间首先破坏，可采取增加锚杆钢筋用量(锚固段长度取设计锚固长度)或减短锚固长度(锚固长度取设计锚固长度的 40 %～60 %，硬质岩取小值)的措施。

b) 当进行确定锚固段变形参数和应力分布的试验时，锚固段长度应取设计锚固长度。

c) 每种试验锚杆数量均不应少于 3 根。

C.2.4 锚杆基本试验应采用循环加卸荷法，并应符合下列规定：

a) 每级荷载施加或卸除完毕后，应立即测读变形量。

b) 在每次加卸荷时间内应测读锚头位移二次，当连续二次测读的变形量岩石锚杆均小于0.01 mm，砂质土、硬黏性土中锚杆小于 0.1 mm 时，可施加下一级荷载。

c) 加卸荷等级与测读间隔时间宜按表 C.2 确定。

表 C.2 锚杆基本试验循环加卸荷等级与位移观测间隔时间

加荷标准循环数	预估破坏荷载的百分数/%												
	每级加载量						累计加载量	每级卸载量					
第一循环	10	20	20				50				20	20	10
第二循环	10	20	20	20			70			20	20	20	10
第三循环	10	20	20	20	20		90		20	20	20	20	10
第四循环	10	20	20	20	20	10	100	10	20	20	20	20	10
观测时间/min	5	5	5	5	5	5		5	5	5	5	5	5

C.2.5 锚杆试验中出现下列情况之一时可视为破坏，应终止加载：

a) 锚头位移不收敛，锚固体从岩土层中拔出或锚杆从锚固体中拔出。

b) 锚头总位移量超过设计允许值。

c) 土层锚杆试验中后一级荷载产生的锚头位移增量，超过上一级荷载位移增量的 2 倍。

C.2.6 试验完成后，应根据试验数据绘制荷载-位移($Q-s$)曲线、荷载-弹性位移($Q-s_e$)曲线和荷载-塑性位移($Q-s_p$)曲线。

C.2.7 锚杆弹性变形不应小于自由段长度变形计算值的 80 %，且不应大于自由段长度与 1/2 锚固段长度之和的弹性变形计算值。

C.2.8 锚杆极限承载力基本值取破坏荷载前一级的荷载值；在最大试验荷载作用下未达到 C.2.5 规定的破坏标准时，锚杆极限承载力取最大荷载值为基本值。

C.2.9 当锚杆试验数量为 3 根，各根极限承载力值的最大差值小于 30 %时，取最小值作为锚杆的极限承载力标准值；若最大差值超过 30 %，应增加试验数量，按 95 %的保证概率计算锚杆极限承载力标准值。

锚固体与地层间极限黏结强度标准值除以 2.2～2.7(对硬质岩取大值，对软岩、极软岩和土取小值；当试验的锚固长度与设计长度相同时取小值，反之取大值)为黏结强度特征值。

C.2.10 基本试验的钻孔，应钻取芯样进行岩石力学性能试验。

C.3 验收试验

C.3.1 锚杆验收试验目的是检验施工质量是否达到设计要求。

C.3.2 验收试验锚杆的数量取每种类型锚杆总数的 5 %～10 %，且均不得少于 5 根。

C.3.3 验收试验的锚杆应随机抽样。质监、监理、业主或设计单位对质量有疑问的锚杆也应抽样进行验收试验。

C.3.4 试验荷载值对永久性锚杆为 $1.1\xi_2 A_s f_y$；对临时性锚杆为 $0.95\xi_2 A_s f_y$。

注：ξ_2. 锚杆抗拉工作条件系数，永久性锚杆取 0.69，临时性锚杆取 0.92；A_s. 锚杆截面面积；f_y. 锚杆抗拉强度设计值。

C.3.5 前三级荷载可按试验荷载值的 20 %施加，以后按 10 %施加，达到试验荷载后观测10 min，然后卸荷到试验荷载的 10 %并测出锚头位移。加载时的测读时间可按表 C.2 确定。

C.3.6 锚杆试验完成后应绘制锚杆荷载-位移($Q-s$)曲线图。

C.3.7 满足下列条件时，试验的锚杆为合格：

a) 加载到设计荷载后变形稳定。

b) 符合 C.2.7 条规定。

C.3.8 当验收锚杆不合格时，应按锚杆总数的 30 %重新抽检；若再有锚杆不合格时，应全数进行检验。

C.3.9 锚杆总变形量应满足设计允许值，且应与地区经验基本一致。

附　录　D
（资料性附录）
防护网安装示意图

D.1　主动防护网

D.1.1　主动防护系统说明：纵横交错的纵横向支撑绳与 $a\times b$ m² 正方形模式布置的锚杆相连接并进行预张拉，支撑绳构成的每个 $a\times b$ m² 网格内铺设一张钢丝绳网，每张钢丝绳网与四周支撑绳间用缝合绳缝合连接并拉紧，该预张拉工艺能使系统对坡面施以一定的法向预紧压力，从而提高表层岩土体的稳定性，尽可能地阻止崩塌落石的发生并将小部分落石限制在一定的空间内运动，同时，在钢绳网下铺设小网孔的格栅网，以阻止小尺寸岩块的塌落。主动防护网布置及缝合示意图见图 D.1。

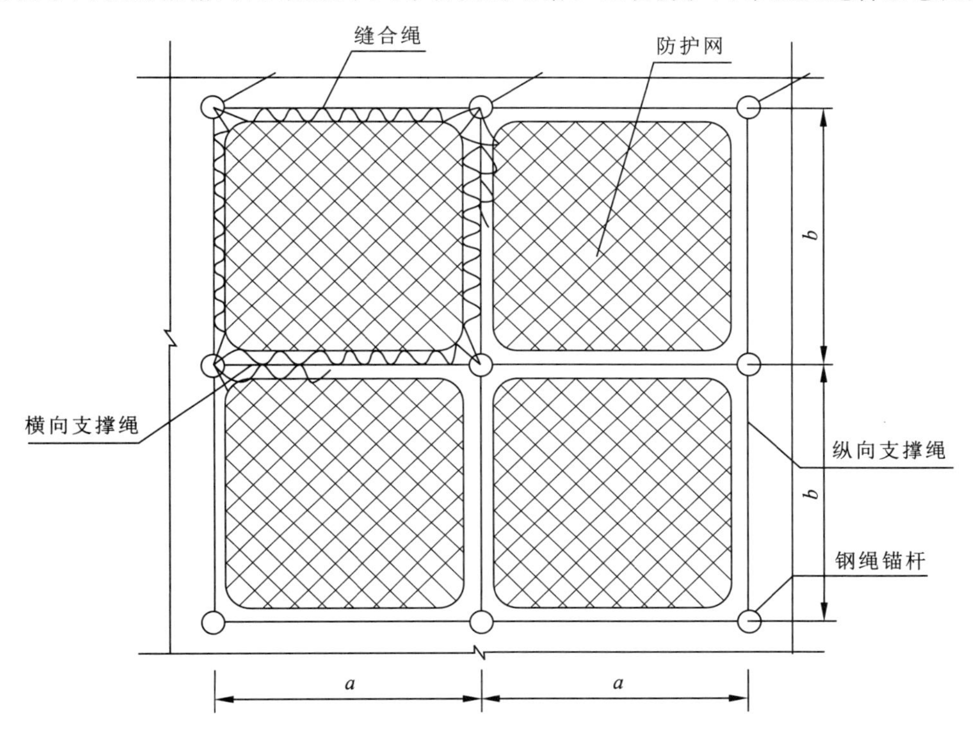

图 D.1　主动防护网布置及缝合示意图

D.1.2　施工顺序及工艺：①对坡面防护区域的浮石进行清除。②放线测量确定锚杆孔位（根据地形条件，孔间距可有 0.3 m 的调整量），并在每一孔位处凿一深度不小于锚杆外露环套长度的凹坑，一般口径 20 mm，深 15 mm。③按设计深度钻凿锚杆孔并以高压气清孔，孔深应比设计锚杆长度长 5 cm以上，孔径不小于 42 mm；当受凿岩土设备限制时，构成每根锚杆的两股钢绳可分别锚入两个孔径不小于 35 mm 的锚孔内，形成“人”字形锚杆，两股钢绳间夹角为 15°～30°，以达到同样的锚固效果。④注浆并插入锚杆（锚杆外露环套顶端不能高出地表，且环套段不能注浆，以确保支撑绳张拉后尽可能紧贴地表），采用不低于 20 号的水泥砂浆，孔内应确保浆液饱满，在进行下一道工序前注浆体养护不少于 3 d。⑤安装纵横向支撑绳，张拉紧后两端各用 2～4 个（支撑绳长度小于 15 m 时为 2

个,大于 30 m 时为 4 个,15 m~30 m 之间为 3 个)绳卡与锚杆外露环套固定连接。⑥从上向下铺挂格栅网,格栅网间重叠宽度不小于 5 cm,两张格栅网间的缝合以及格栅网与支撑网间用 ϕ1.2 铁丝按 1 m 间距进行扎结(有条件时本工序可在前一工序前完成,即将格栅网置于支撑绳之下)。⑦从上向下铺设钢绳网并缝合,缝合绳为钢绳,每张钢绳网均用一根长约 31 m(或 27 m)的缝合绳与四周支撑绳进行缝合并预张拉,缝合绳两端各用两个绳卡与网绳进行固定连接。

D.1.3 交错布置的支撑绳构成的每一个挂网单元各铺设一张钢绳网,钢绳网下满铺格栅网。

D.1.4 每张钢绳网用一根缝合绳与支撑绳连接。

D.1.5 边坡岩层破碎、松散时,钢绳锚杆可加长。

D.2 被动防护网

主要施工工序:①坡面清理;②锚杆及基座定位;③基坑开挖及混凝土灌注(土质地层 B 类锚固)或钻凿锚杆孔(岩质地层 A 类锚固);④基座及锚杆安装;⑤钢柱及拉锚绳安装;⑥支撑绳安装与调试;⑦钢绳网的铺挂与缝合;⑧格栅网的铺挂。

被动网横断面和缝合结构示意图见图 D.2 和图 D.3。

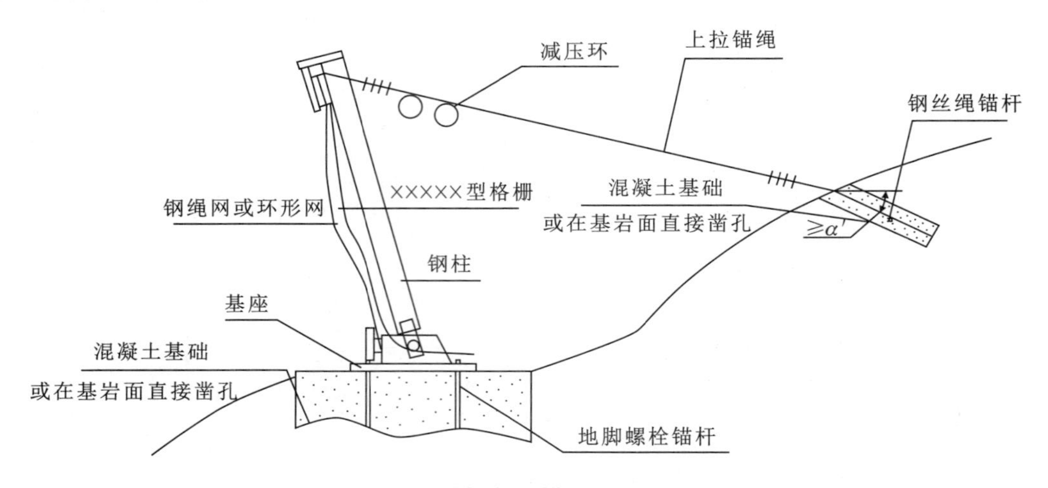

图 D.2 被动网横断面示意图

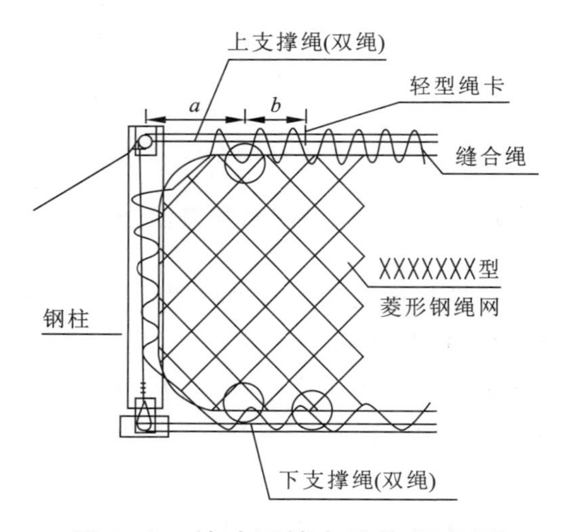

图 D.3 被动网缝合结构示意图